微生物的世界

金炯柱◎文　徐荣喆◎图　金炫辰◎译

漓江出版社

桂林

图解微生物的世界

Copyright© 2011 by Kim Hyung-Joo & illustrated by Seo Young-Chol
Simplified Chinese translation copyright© 2013 Lijiang Publishing Limited
This translation was published by arrangement with GrassandWind Publishing through SilkRoad Agency, Seoul.
All rights reserved.

著作权合同登记号桂图登字:20-2013-079 号

图书在版编目(CIP)数据

图解微生物的世界/(韩)金炯柱 撰;(韩)徐荣喆 绘;金炫辰 译. —桂林:漓江出版社,2013.8(2019.2重印)
(我的第一堂科学知识课系列)
ISBN 978-7-5407-6600-9

Ⅰ.①图… Ⅱ.①金…②徐…③金… Ⅲ.①科学知识-初等教育-教学参考资料 Ⅳ.①G623.6

中国版本图书馆 CIP 数据核字(2013)第 147055 号

策　划:刘　鑫
责任编辑:曹雪峰
美术编辑:李星星

出版人:刘迪才
漓江出版社有限公司出版发行
广西桂林市南环路 22 号　邮政编码:541002
网址:http://www.lijiangbook.com
全国新华书店经销

晟德(天津)印刷有限公司印刷
开本:787mm×1 092mm　1/16
印张:8.25　字数:50 千字
2013 年 8 月第 1 版　2019 年 2 月第 4 次印刷
定价:35.00 元

前言

带领小朋友探索微生物的世界

《图解微生物的世界》是一本精彩有趣的书，专为小朋友编写，要带领小朋友认识微生物的世界。这本书会介绍形形色色的微生物，还会说明生物错综复杂的特性，内容简单易懂又生动活泼，适合小朋友阅读。

微生物无所不在，只是小到我们要用显微镜才看得见，但是千万别被微生物小小的个头给骗了，它们可是很重要、很强大的。微生物住在我们的体内，也生活在空气里，遍布我们四周。各种微生物的大小与形状差异很大。微生物也是人类演化的一个环节，在地球上存在了将近四十亿年。微生物对我们有好处也有坏处，但是没有微生物，世界的生物就无法生存。

我们想要拥有美好的未来，就必须学会利用微生物改善我们的生活，拯救地球。小朋友必须了解微生物有多重要，这本书就是要带领小朋友踏上有趣好玩的发现之旅。

小朋友阅读这本书将会了解：

一、什么是微生物？

二、微生物的起源

三、发现微生物的科学家

四、微生物的结构

五、微生物的好处与坏处

六、微生物在我们的食物供给上扮演的角色

作者序

"真正重要的东西,用眼睛是看不见的。"

这是法国小说家圣埃克苏佩里写的童话《小王子》中,狐狸告诉小王子的秘密。

用眼睛看不见的东西,该怎么看呢?狐狸说,要用"心"看。难道"心"有眼睛吗?这里说的"心之眼"就是指我们的"关心"。

我们对某种事或物倾注关心,它就成为我们珍惜的东西,而这也正是它存在于这世界的理由。

有位朋友,我们的眼睛看不见它,但我们一定要加以关心,这位朋友就是微生物。它存在于我们的体内或我们呼吸的空气中,甚至也活在我们脚踏的泥土里。

微生物是与我们一起生活的好邻居,像朋友一样,而且也可能是我们的祖先。微生物大约在38亿年前开始出现在地球上,经过不断的演变之后,形成了今天多样化的生物。

就所有生物的起源来看,微生物可说是人类的祖先,如今却仍与我们一起生活在同一个时空中，想一想真是很有趣。

世界上的所有事或物都有好的一面和坏的一面，微生物也不例外，依不同种类而对我们有益或有害。

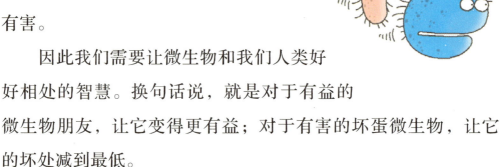

因此我们需要让微生物和我们人类好好相处的智慧。换句话说，就是对于有益的微生物朋友，让它变得更有益；对于有害的坏蛋微生物，让它的坏处减到最低。

假如我们很了解微生物，就可以把它变成良药；假如不了解它，它就有可能是毒药。来，我们现在就来向一直陪在我们身边的微生物打声招呼吧！

"微生物们！集合！"

金炯柱

目录

前言　3

作者序　5

微生物是什么东西？　8

我们是微生物家族　25

与微生物亲密的人大集合　40

我身体里面有微生物！　58

会捣蛋的微生物　69

好好吃！可口的微生物　82

与微生物好好相处吧　100

微生物常识问答　116

微生物相关名词解说　122

微生物是什么东西?

微生物,你是谁?

微生物是"微+生物"组成的名词。"微"是"几乎没有"的意思,例如"微小、细微"等,就是指非常小;"生物"是指有生命的个体。

它的英文名词也是根据上述意思造出来的,以表示"很小"的micro加上意思是"生物体"的bios或organism,合并成microbe或microorganism。

对了！你知道所谓"生物"是指什么东西吗？事实上，科学家们到如今仍然没有一致的结论说："生物就是这样的东西！"

不过，被称为"生物"的东西总会有个特征吧？首先，生物会呼吸，还有就像我们吃饭一样，都会吃适合自己的养分，也会排泄。此外也会生产像自己的子孙，学术性的说法就叫做"复制自己"。

如果已发明出一种与人类非常相像的机器人，即使它的长相、说话或动作都和我们一模一样，但是机器人不会自行呼吸，也不会自行吸收养分，更不会自己生小机器人，因此它不是生物。

我们用肉眼看得见的最小尺度约为0.2毫米。起初出现微生物这个名词时，只要肉眼看不太清楚的微小生物，我们就当成微生物来看。也就是说，1毫米以下的蚜虫或2~3毫米的跳蚤等，都被当成微生物看待。

不过后来才研究证明，蚜虫、跳蚤或虱子等，身体虽小，但是它们也像蜘蛛、昆虫等一样是动物。

自从发明显微镜以来，科学家们陆续发现了草履虫、变形虫等原生生物，或大肠菌等细菌以及病毒等。细菌中以大肠菌为例，身长一般都是2~3微米。1微米等于1000分之1毫米。也就是说，大肠菌身长为0.002~0.003毫米，用尺来量，300~500只大肠菌排成直线才大约等于1毫米。

为了更容易了解，我们用足球场来比喻，看看微生物的大小。假如将草履虫等原生生物放大成足球场般大小，这时等比例放大的酵母菌或霉菌，就等于中线开球处的"中圈"，细菌则被放大成足球，而病毒顶多像颗小弹珠。

相反地，有些生物虽然属于微生物，但长得很大、很醒

目。代表性的例子就是菇（蕈）类。但并不是一个菇菌长得这么大，而是有数不清的菇菌伸展菌丝连结成丝网，如伞盖一样展开，菌伞下方的菌褶中藏有菇菌的孢子。

不过大部分的微生物都很小，人类的肉眼看不见，因此我们根本感觉不出有微生物生活在我们的身上和四周。

植物、动物、微生物？

科学家把世界划分为两种：生物和非生物。接着再将生物大致分为动物和植物，其中的动物又再分为脊椎动物和无脊椎动物。

脊椎动物再依身体特征、生产、生长、生活样式，细分为哺乳类、鸟类、爬虫类、两栖类、鱼类等。用这种方式分了七次后，能有系统而又详细地了解到动物的种类和特征。

这是瑞典科学家林奈创立的方法。他在1735年的著作《自然系统》里提到，记录生物名称时，要同时记录属名和种名，因此又叫做"双名法"。

生物的分类以植物界和动物界的"界"开始，依序分为"界—门—纲—目—科—属—种"。根据这种分类法，我们人类是"动物界—脊椎动物门—哺乳纲—灵长目—人科—人属—人种"。

这个分类法自从创立后经过250年，一直到今日仍然被采用，证明这种分类法整理得很有系统。

不过在林奈生活的时代，菇类以及霉菌等都被当成植物。因为它们的长相或散播种子来增加子孙的方式，都和植物没什么两样。但即使如此，菇类还是与植物不同，因为它们没有"叶绿素"，所以没办法自行制造养分。就像某些生物一样，它们必须寄生在其他生物上，或以其他生物为食，来吸收养分。

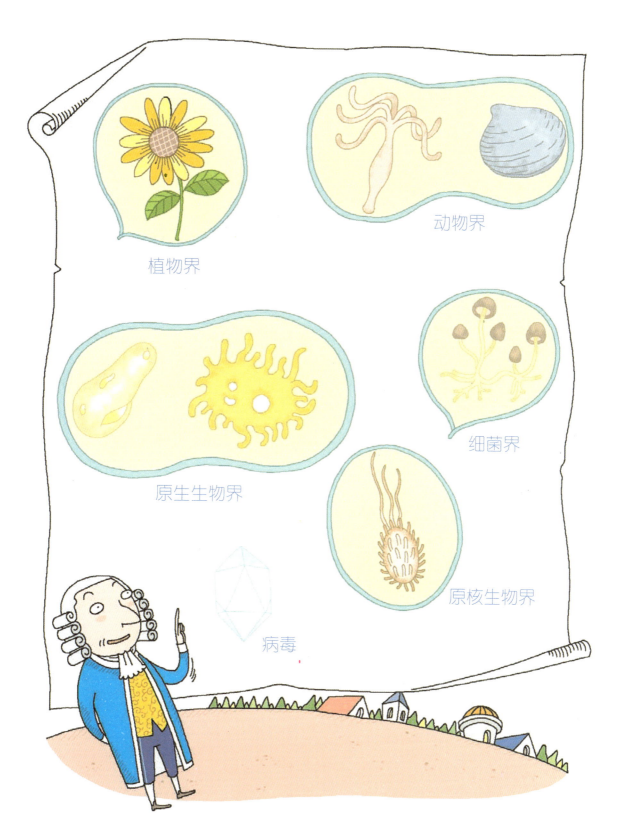

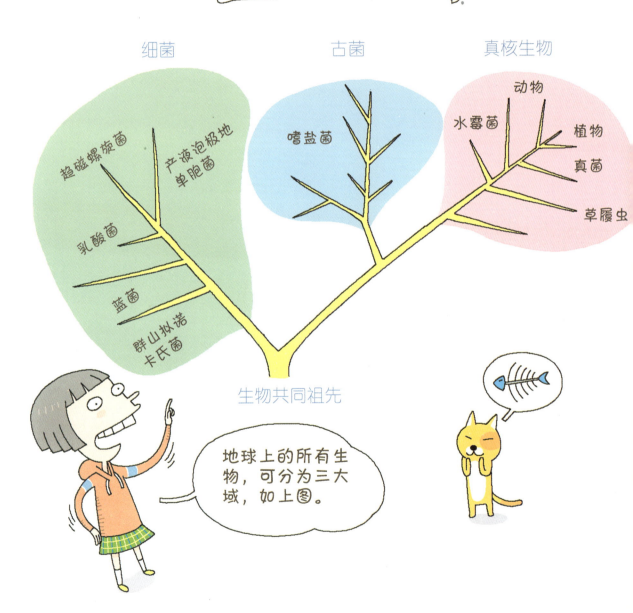

随着科学技术发达，人类发明了显微镜，陆续发现变形虫、草履虫、眼虫等原生生物。原生生物是单细胞生物，以人类来比喻的话，算是原始人。

　　其中水绵、绿球藻看起来像能进行光合作用的植物；变形虫、草履虫看起来像会动也会猎食的动物；而眼虫则像植物一样有叶绿体，同时也像动物一样具有鞭毛。

　　如上述例子，有些小生物既像植物又像动物，但既不是植物也不是动物，令人不知如何分类。因此需要新的分类法，于是陆续出现各种不同的分类法。

　　今天研究微生物的学者们，大多根据1990年美国生物物理学家卡尔·伍斯和乔治·福克斯所提出的分类法。此方法是依据基因数据，将生物大致区分为细菌、古菌和真核生物。

　　此外，还有比细菌小一百倍的病毒和朊毒体。对于它们，我们很难判断为生命体。不过它们长得实在太小，所以纳入到微生物的范畴中。

微生物只有一个细胞

　　微生物大多只有一个细胞，所以用"单细胞生物"来称呼它们。

　　1665年时，英国科学家罗伯特·胡克用自己制作的显微镜观察软木塞时发现了细胞。其形状长得像一格格的蜂窝，因此将它命名为"小室"（cell），中文翻译成"细胞"。

细胞是构成生命体的最基本单位。我们的身体由数十万亿个细胞所构成。一般来说，我们的身体约有70%是水。

最大的细胞是蛋。鸡蛋、鸭蛋、鸵鸟蛋等，虽然长得很大，但都是一个细胞。一般来说，构成人体的细胞大小平均约10微米。也就是说，在1毫米之内大约可以横排下100个细胞。想用肉眼观察身体里的细胞，是不可能的事。

植物的细胞和动物的细胞其成分各有不同。植物细胞中有叶绿体，以便接受阳光后进行光合作用，制造养分；另外为了保护细胞而有坚固的细胞壁，也有储藏养分的水袋状液胞。

动物细胞没有这些。但是有溶酶体，会吞噬细胞中不必要的物质；有中心粒，当细胞分裂成两个时，帮助染色体顺利分裂。

细胞中最重要的部分是细胞核，由核膜包围着，而且具有基因信息。细胞核含有DNA（脱氧核糖核酸），不但会保存基因信息和控制复制，还依据生物体种类或组织而支配固有蛋白质的合成。

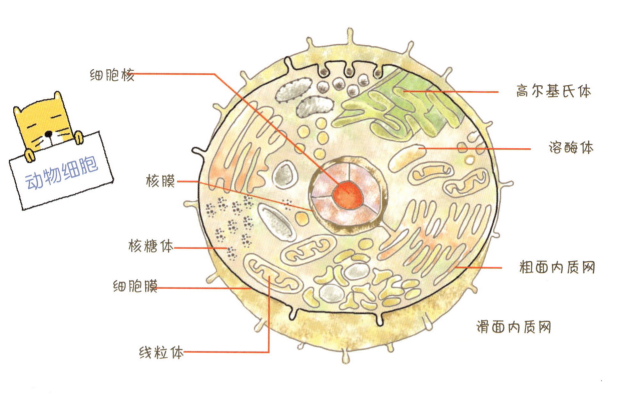

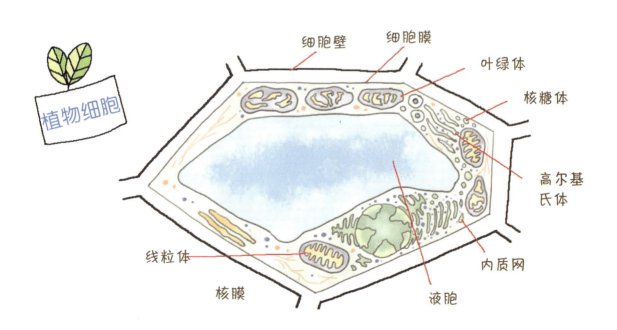

线粒体如发电厂一样，会制造细胞里所用的能源。核糖体为了让细胞成长，使用该能源来组合制造养分。这样制造好的蛋白质，透过细胞中的高速公路"内质网"，储存在蛋白质仓库"高尔基氏体"内，等有需要时便拿出来使用。

同一个生物体里的各细胞，上述的功能及构成的物质都相同。

可是同样在我们身体里的细胞，形状和大小却不相同。例如我们身体里的胃、肝等脏器，以及构成神经、骨骼、肌肉、皮肤、血液等的细胞形状和大小各不相同，存活寿命也有差异。我们肝脏里的细胞可以活40~50天，但嘴里的细胞则只能活几天而已。

微生物大多是单细胞。其中细菌的细胞比较单纯。

大肠杆菌的细胞没有核膜，因此核不是集中一处，而是散布在细胞里。由于它还没进化到能制造核膜的地步，而仍停留在原始状态，因此称为"原核"。它的反义词叫做"真核"，因为它有真正的核。因此大肠杆菌被分类为原核生物。

原核生物除了上述的单细胞细菌以外，还有硬毛藻、颤藻等属于浮游生物的蓝菌。蓝菌是指水面上浮游的蓝绿色菌类，英文叫做cyanobacteria。cyan的意思是"蓝色"，加上后面的bacteria就拼写成蓝菌。

相反地，演化到具有核膜的真核生物有哪些？我们所认识的生物中，除了前述的原核生物和古菌以外，几乎所有生物都属于真核生物。

长得这么小的单纯微生物，到底用什么方式繁殖后代呢？除了以接合或结合生殖的有性生殖法之外，主要以三种无性生殖法来繁殖子孙，就是分裂法、出芽法、孢子法。

分裂法就像漫画中出现的分身术一样，是把自己的身体拆开分成两个的方法。大肠杆菌是每20分钟分裂一次来制造后代，也就是说，每经过20分钟，其数量就会增加一倍。属于原生生物的草履虫，每22小时就会分裂一次。

出芽法是身体长出芽状物，那芽状物逐渐长大成了后代，然后分离出去的方法。微生物中，以这个方法繁殖的代表物种就是酵母菌。除了微生物以外，水螅或海葵等刺胞动物也用这种方式繁殖子孙。

此外还有孢子法，所谓的孢子，用易懂的说法就是"种子"。而"孢子法"就是用传播种子的方法来繁殖后代，孢子一般有休眠作用，能在恶劣的环境下保持自有的传播能力，并在有利条件下才直接发育成新个体，这种方法比前述方法聪明。就像植物一样，菌类中的真菌或菇类都用这种方法来传宗接代。

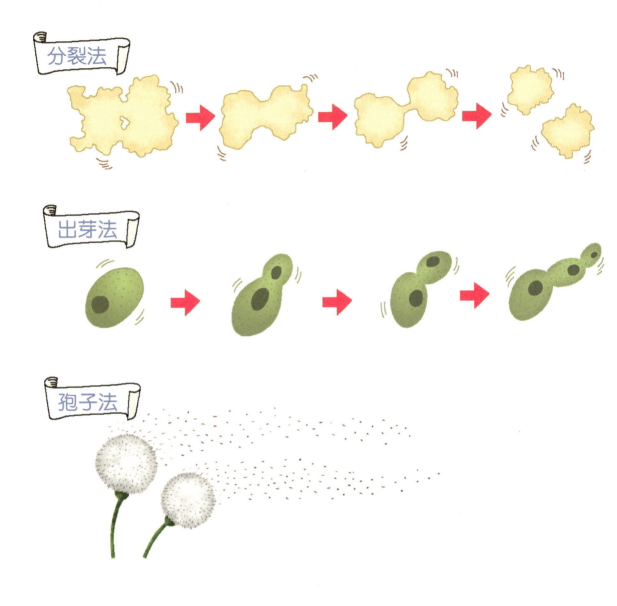

生命的开始——微生物

微生物长得实在太小,用我们的肉眼看不太清楚。可是十万只以上的微生物集合在一起时,用我们的肉眼就可以看得到。小朋友,你是不是看过蘑菇(大型的真菌)或是坏掉的过期面包等食品上长出的霉斑？

那么包括眼睛看不到的微生物，这地球上到底有多少微生物呢？生物学家们这样说：

"将地球上的生物全放在秤上时，总重量的60%是微生物的重量。"

我们肉眼看不见的微生物，除了存在于我们人体之外，还散布在陆地、空气、水中等地球上任何地方。实际上挖土检查结果发现，每一升土壤中有6400~38000种的数十亿只细菌混合一起。当然我们可以很容易地猜想出，不同深度的地层和地区在不同季节，细菌的数量也各不相同。

而且我们身体的皮肤及肠内各角落都有微生物生存。如果在皮肤上画一个边长一厘米的正方格，里面最多会有十万个左右的细菌聚在一起。

2011年美国北卡罗来纳大学微生物研究组调查95位美国人肚脐里的细菌。结果发现总共约有1400种变种细菌，包括662种新种细菌。幸好约80%的细菌对我们人体不会有害，所以不需要刻意用力清洗肚脐。俗话说"没事找事，自讨苦吃"。本来好端端的，刻意洗刷干净，反而有可能引起第二次感染。

根据2012年6月出刊的《自然》科学杂志，假如将生存在我们身体的所有微生物集合起来用秤量，其重量大约占我们体重的3%。用个体数来推算的话，每一千克微生物的个数约有300万亿，由此可以推测一个人的身体平均约有600万亿个微生物，而人体的所有细胞数才只有约60万亿，至于地球上的人口总数才70亿而已。

如此庞大数量的微生物，到底是从什么时候开始出现在地球上的呢？

生命从何时以及如何开始的问题，至今还没有最终答案。科学家们有很多种推测，例如：生物是自然生成的"自然发生论"，外星人等高智能创造了生命体的"智能设计论"，宇宙中飘流的生命体种子掉落地球后变成生命体的"宇宙起源论"，等等。

实际上1984年时，在南极发现了一颗被命名为"ALH84001"的陨石，据说约45亿年前形成于火星，一万三千年前落至地球上，科学家在这颗陨石中发现类似细菌的物质。2011年8月，美国宇航局宣布，火星上确实存在水流。火星的夏季气温从27℃~零下23℃，所以在夏季短暂的时间里有可能出现水流。之前的火星探测船凤凰号登陆火星时，发现登陆艇沾到如盐水的液体，由此判断可能有宇宙生命体。

不过到现在为止，还没有人明确证明地球生命的起源！不管怎样，地球上最早的化石是大约35亿年前，由蓝菌增生聚集石化而成的"叠层石"。

微生物是地球上最早的生物，也是生存数量最多的生物。今天地球上的微生物包括细菌、霉菌、藻类、病毒等，仅以种类来说，就远超过500万种。这就是为何将微生物称为"地球主人"的原因。

我们是微生物家族

数量最多的生物——细菌

根据研究,存活在地球各角落的细菌约有350万种,可是被命名的只有6000多种而已。也就是说,1000个细菌中,我们只认识两种。而现在此刻,世界各国可能正在发现数十种新的微生物。

"……某某中学发生集体食物中毒事件。采取检体化验结果,检测出金黄色葡萄球菌……"

夏天时常从电视新闻中看到这种报道。金黄色葡萄球菌到底是什么东西?听起来像是会引起食物中毒的细菌名字……

人类第一次发现细菌时,它的形状看起来像长长的棒子。而希腊文中的"小棒子"叫做"baktēria",因此用来给细菌命名。

我们有时以人的外形来取绰号,例如:竹竿、水缸、冬瓜。为细菌命名时也一样是根据它的形状,例如:球菌、杆菌、螺旋菌等等。这种命名法看起来简单又方便。

球菌的形状圆圆的像球。称呼这种形状的细菌为"某某球菌"即可,例如肺炎链球菌、化脓性链球菌、淋病双球菌等。

如果有两个菌像雪人一样黏在一起,你觉得怎么为它们命名才好呢？因为它们长得像双胞胎，所以取名为双球菌。英文就采用"双"之意的diplo而取名为diplococcus。很简单吧？

如果球形的菌像葡萄般一粒粒黏在一起，你觉得怎么为它们命名才好呢？由于它的形状像葡萄，就叫它葡萄球菌。假如它的颜色是黄色，就叫做"金黄色葡萄球菌"。英文名称则借用"葡萄"之意的staphylo叫做staphylococcus。

链球菌是指"如链条一样长长的黏在一起的菌"。英文名称以意思是"链状"的strepto称为streptococcus。很简单，是不是？

杆菌的形状像根短木棒，英文称为bacillus，因此各种杆菌的英文名称加bacillus即可，例如大肠杆菌、结核杆菌、伤寒杆菌、霍乱弧菌等都属于杆菌。

螺旋菌的形状像螺贝一样旋转绕圈，英文名称是spirillum。梅毒螺旋菌、引发胃癌的幽门螺旋杆菌等都是螺旋状。

细菌在液体中移动时，像直升机翅膀似的转动鞭毛，或像波浪似的挥舞着纤毛。每一分钟可以游移约0.27毫米，以人类来对比的话，相对速度远超过奥运游泳选手。

细菌爷爷——古菌

古菌的意思是"很古老的细菌"。古菌在细胞结构（没有核膜）和代谢等方面类似细菌。但是细菌的细胞壁成分为肽聚糖，而古菌的细胞壁不含肽聚糖；另外在基因复制、制造蛋白质的方法等方面，却类似真核生物。因此可以说古菌更接近真核生物。

古菌生存在一般生物体无法生存的恶劣环境中。有的古菌很喜欢热烫的环境；有的则专挑寒冷环境中栖息；有的处在几乎没有氧气的环境中，以类似硫黄的东西为食；有的则处在高盐分而很咸的地方；等等。

喜爱热烫环境的古菌中，最具代表性的是"强烈炽热球菌"，它生存在海底火山口，四周经常喷出混杂着硫黄的滚烫蒸气，附近水温很高。它的绰号为"吃火的生物"，在滚烫的热水中悠然自得。

举例来看，我们煮面时将水煮沸的温度是100℃。假如把手伸进这沸水中，一定会烫伤，烫伤面积过大时甚至会死亡，然而它们却全身浸泡在100℃的水中还能存活。科学家对喜爱烫热的古菌进行实验，结果发现它们在121℃的环境中生存都没什么问题，而在131℃的环境中也能生存数小时。有趣的是温度下降到70℃以下时，它们却会冻死。

它们在如此高温中也不会被烫死，秘诀到底是什么呢？难道是穿上了如消防队叔叔一样的防火服？

然而惊人的是，它们的身体成分与一般生物没太大不同。只是构成身体的成分以稍微怪异的顺序排列，呈现立体状结构，仿佛是3D电影中的变形金刚一样。

分子结构如此变身后，各种特性也会因而转变。假如我们是科学家，能把这样的变身法应用在人类身上的话，一定可以获得诺贝尔奖！

真核生物

真核生物具有核膜包围的细胞核。我们所认识的大部分生物都属于真核生物。真菌类的霉菌、酵母菌、蘑菇以及原生生物都属于这种微生物。

仔细观察霉菌，即可发现有棉絮般的细线缠绕，这种细线就是霉菌的菌丝，如此构成的物体就叫做"菌丝体"。

霉菌没办法利用阳光进行光合作用来制造养分，所以不喜欢阳光。因此大多栖息在阴暗处。阴暗处通常湿气较高，比向阳处潮湿。

酵母菌

粉色面包霉菌

青霉菌

毒蝇伞

霉菌主要在大自然中担负分解生物尸体或排泄物等工作。酵母菌也是一种霉菌，但酵母菌没有菌丝。酵母菌大多用来制造大人们喝的清酒、米酒、葡萄酒，也用来促使面团发酵变得松软，增加面包等面制品的风味。

尤其是利用青霉菌制成"盘尼西林"等药材，帮助很多人脱离疾病的危险而救回性命。

不过霉菌中有些会引起香港脚、皮肤病、呼吸道疾病等，应该事先预防，以免染病上身。

很多霉菌聚合起来成长，就像是一株植物一样，例如我们爱吃的松茸、秀珍菇、金针菇、桑黄、灵芝等。但也有很多毒性的蘑菇。所以一定要注意，不要因为它们长得漂亮，就随便摘取不知名的蘑菇，这可能危害性命。

除了菌类以外，具有细胞核的微生物还包括原生生物，例如草履虫、变形虫、眼虫等等，有数万种而且其形状也各式各样。这样的原生生物大多栖息在水中或潮湿的环境。

譬如，舀取一杯池塘水，其中就会有数百只原生生物。这些原生生物在水中边游动，边捕食细菌或吃其他生物的尸体。

其中有种原生生物长得像古代人穿的草鞋，因此将它命名为草履虫，全身长有纤毛，就像草鞋表面的干草细毛，它摆动这些鱼鳍般的纤毛四处游走。

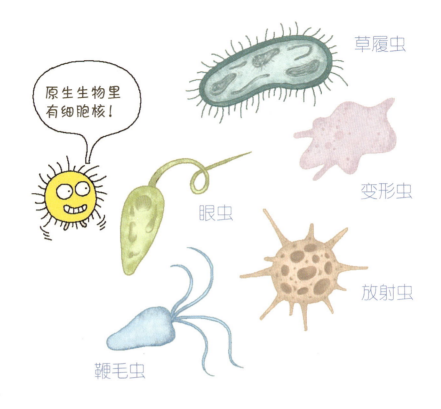

变形虫则利用"伪足"缓慢移动，一小时移动约2厘米左右。当它发现食物时，会用像果冻般的身体包围猎物，同时喷射消化液来溶解猎物。我们若不小心吃到含有变形虫的食物，可能会罹患痢疾而拉肚子，所以要注意食物干净与否。

2011年，三位曾在美国湖滨玩水的游客被福氏耐格里变形虫感染，得了脑炎死亡。美国疾病控制与预防中心发布该项消息，并呼吁民众注意。这种变形虫栖息在河川或湖泊中，会经由玩水者的鼻孔侵入脑部，然后啃蚀脑神经细胞。一旦它侵入人体，便快速繁殖，致死率达到95%，如此恐怖的变形虫，我们应该多多注意。

这些原生生物主要以细菌为食，使得环境中的细菌数量保持平衡。会光合作用的原生生物还能制造氧气，而且在水里会吃生物尸体，清理废物。原生生物体型虽然很小，却是大自然中不可或缺的生物。

小型鱼类吃这些原生生物而成长，大型鱼类再吃小型鱼类，最后人类捕捉大鱼来吃，因此原生生物可说是对我们人类有益的朋友。

细菌 → 变形虫 → 小形鱼 → 大形鱼

病毒和朊毒体

病毒这个名词源于拉丁文的"毒"。病毒或朊毒体不像一般微生物一样具有细胞构造。病毒与大部分微生物一样由核酸构成,而朊毒体则仅由蛋白质构成。

病毒长得非常小,仅约0.0001毫米而已,因此只能利用电子显微镜观察。

病毒的形状很多样。有的像戒指上装饰的宝石一样呈正十二面体,有的像蚕茧一样层层包裹,有的像阿波罗十一号宇宙飞船的登月艇一样。

哇~它长得好像登月艇啊!

病毒没办法自行移动，因此平常一动也不动，看起来仿佛死了一样。不过一旦进入生物体的细胞里，就很活泼地起来进行生产活动。病毒或朊毒体处在外界环境时没办法自行繁殖，也就是说它们没有生物的关键性特征。

它们把自己的DNA放入其他的细胞里，让该细胞以为那是自己的DNA，然后大量复制病毒，结果细胞里充满了病毒。那些病毒会破坏细胞壁，脱逃至细胞外，寻找新的细胞。无数的病毒各自寻找到其他细胞后，再复制大量的病毒……

如果发生上述情形，病毒就会在生物体内大量复制。结果导致该生物因为大量的病毒而患病。

病毒引起的疾病很多，包括脑炎、流行性感冒、肝炎、艾滋病、急性出血性结膜炎、麻疹等等。鼻病毒引起的普通感冒也是其中之一。

引起感冒的病毒，包括腺病毒、流感病毒等达200多种。一般人生平会罹患约300次的感冒。据说，此时此刻地球上约有一亿人得了感冒而咳嗽。

由于病毒没办法自行移动，因此透过咳嗽或打喷嚏而移至空气中，或者依附蚊子或跳蚤等昆虫而移至人体内，然后在数日内增加病毒数量，互相传递讯号，聚集起来攻击人体，让人因而开始生病。它们真是很恐怖的家伙。

朊毒体仅由蛋白质构成，它与生物的距离比病毒与生物的

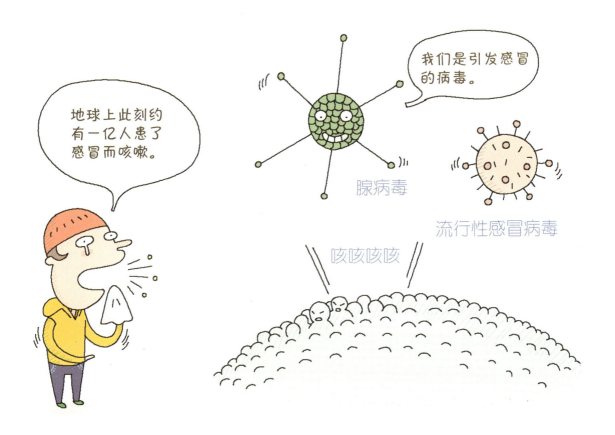

距离更远,以"蛋白质"的英文protein和"病毒粒子"的英文virion合并而命名为Prion,也有人音译为"普里昂"。

朊毒体长得虽然远比病毒小,但寄生于生命体的方式却很相似。它引发的疾病中以疯牛病最具代表。

疯牛病是牛罹患疯癫的疾病,正确的病名是牛脑海绵状病变。罹患疯牛病,朊毒体会侵入牛的脑部,脑部组织出现空洞化状似海绵的病变,使牛无法站立,经常跌倒,最后导致死亡。

然而朊毒体在100摄氏度的沸水中也不会死，因此罹患疯牛病的牛肉就算煮熟来吃，也无法避免人被感染。实际上真的有人吃了患疯牛病的牛肉后死亡，所以这种朊毒体非常危险。

疯牛病是1986年在英国第一次被发现，发病原因在于把动物的骨头或肉磨成粉混入给牛吃的饲料中。朝鲜古代的医书中就有记载："喂牛吃肉，牛会疯。"原来古人早就明白关于疯牛病的事。

根据记录，朝鲜宣祖十年（公元1577年）时发生了传染病"牛疫"，当时罹患牛疫的牛发了疯似的晕眩，行走摇摆不定，最后跌坐下来，鼻尖干燥，不停流口水。该记录很像今日的疯牛病症状。据说当时该病引发了非常严重的社会问题，因为没有可以耕田的牛，只好由人亲自背着犁耕田。

牛天生吃草，然而人类为了让牛更快成长、体型更大而喂它吃肉，这是违反自然法则的行为。人类过度贪心的结果，招致天谴，将疯牛病降临到我们身上。

假如病毒侵入细胞里

病毒如果单独活动，什么事都没办法做。

病毒接触到活的细胞时，兴奋得苏醒过来。

病毒侵入细胞里。

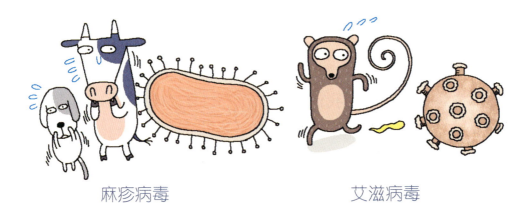

麻疹病毒　　　　　　　　艾滋病毒

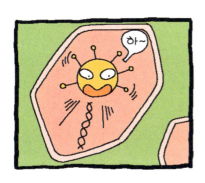
病毒将自己的基因散布至细胞里。

被病毒欺骗的细胞忘记自己的任务,而大量复制病毒基因。

经过数分钟后,细胞里复制出了数百个新病毒。

冠形病毒

与微生物亲密的人大集合！

"显微镜是通往另一世界的管道。"——列文虎克

西方俗语说："需求是发明之母。"1590年，荷兰的强森父子为了看小物体，利用两片放大镜制造了第一台显微镜。但当时该显微镜只能放大十倍左右，要观察微生物还差太远。

75年后的1665年，英国科学家胡克写了一本科学书名为《显微图谱》，书中记录了用他自己亲手制造的显微镜观察的内容。其中一个内容，就是当初利用显微镜观察软木塞时发现了细胞。

显微镜从简易的构造开始，逐渐发展成可以观察更小的东西，结果为英国科学界带来重大发现，就是利用显微镜直接看到了微生物。

1674年，位于伦敦的英国皇家学会收到一个包裹，包裹里装有一叠厚厚的文件。那些文件上绘有各种奇形怪状的动物，都是英国皇家学会的科学家们从来没见过的。

那是荷兰科学家列文虎克寄的包裹。他在一片金属板上镶嵌一颗微小的玻璃球作为透镜，制成可以放大270倍的高性能显微镜。他利用那支显微镜观察了各种物体的形状和内容，一一记录后寄给了英国皇家学会。

　　列文虎克原本不是科学家，而是荷兰德尔夫特（Delft）地区的贸易商。他的手艺很棒，平常很喜欢磨玻璃来做镜片，后来就是用这样的镜片制造了显微镜。

　　刚开始为了好玩而取一点池塘水，放在显微镜下加以观察，发现水珠里有许多非常小的生物，于是他用图画及文字将这些新奇的发现记录下来，整理之后寄到英国皇家学会。

后来列文虎克又利用这支显微镜，率先观察到原生生物、红血球、细菌等。到了1680年，他因为对科学的贡献，获选为英国皇家学会的会员，与当时其他著名科学家并肩而行。

列文虎克的显微镜成了人类与微生物相见的管道。

以病菌防御病菌——巴斯德

法国人巴斯德读大学时攻读物理和化学，毕业后担任大学化学教授。

巴斯德转到里尔第一大学任教之后，开始研究发酵与酵母菌。他认为发酵既是化学，同时也是"与生命有关的现象"。最后巴斯德得出结论：发酵是微生物酵母菌所产生的作用。于是，发酵从化学领域转移至生物学领域。

从此以后，巴斯德开始关心微生物的世界并继续研究。他很好奇发酵或腐烂时，微生物是从哪里来的？就在深入研究发酵之际，巴斯德觉得微生物可能也会引起疾病。

1865年法国农家流行蚕病。巴斯德发现蚕病的原因在于细菌，证实了他之前所提微生物可能是疾病原因的假设。

到了1879年，巴斯德研究当时流行的家禽霍乱病，得知利用检体培养家禽霍乱菌来研究时，培养皿中的霍乱菌放久后毒性会减弱。而且他从爱德华·詹纳曾利用牛痘治疗天花的方法获得了灵感。

于是他将毒性减弱的霍乱菌来注射给鸡，使鸡具有抵抗力。结果注射过的鸡真的不再罹患家禽霍乱病，巴斯德成功地制造出了家禽霍乱病的疫苗。

当时巴斯德第一次使用"疫苗"这个名词,它的拉丁文 vacca 意思是"牛",巴斯德为了纪念詹纳的牛痘治疗法而如此命名。

此后他便利用霍乱菌疫苗原理,在1881年时开发出炭疽病疫苗。

其实疫苗原理很简单。假如有细菌或病毒等有害物质从外界侵入人体里时,人体本身具有抗拒病毒的自我保护功能。

侵入人体的病原菌称为"抗原",抵抗病原菌的物质称为"抗体"。假如抗体胜过抗原,就不会造成健康问题。但如果毒性强的病毒侵入人体,抗体无法胜过抗原时,我们就会生病。

但是假如将病毒的毒性减弱后注入人体,抗体便可轻易杀死变弱的病毒。而抗体具有一项令人吃惊的能力,就是会记住曾进入人体的病毒,以后同一病毒若再度入侵时,人体能以更快、更有效的攻击方式将其清除,专有名词称为"免疫"。

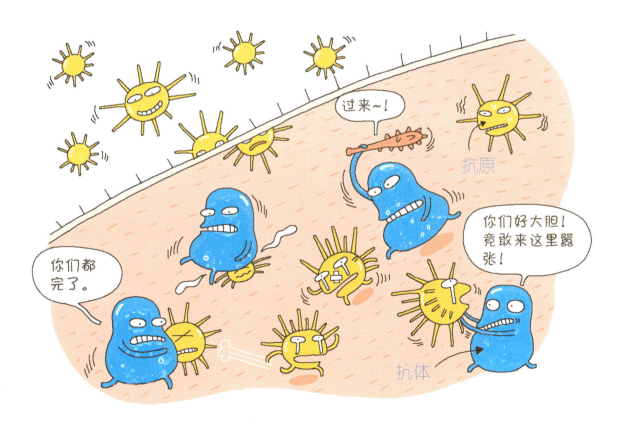

也就是说，先让抗体在轻易杀死毒性减弱的病毒时记住该病毒，日后如果毒性较强的同种病毒再次入侵时，记得该病毒的抗体会立刻找到病毒的弱点，将它击退。1885年，巴斯德便利用该原理制造出了狂犬病疫苗。

我们接种的所有预防针都是利用该原理。后来的科学家们相继制造出了小儿麻痹、结核、麻疹等各种疫苗。多亏他们的努力，我们才能健康地生活。

细菌引发疾病，巴斯德反过来也以该细菌来治病，为人类传染病的治疗作出了重大贡献。

细菌学之父——罗伯·柯霍

"人类的疾病，是不是我们肉眼看不见的微小生物所引起的？"

公元前1世纪时，罗马哲学家卢克莱修推测，疾病源于人们肉眼看不见的某些生物。1546年，意大利的弗拉卡斯托罗也一样这么认为。

显微镜问世后，放大观察物体的技术越来越发达，使得更小的细菌也逐渐被观察到，因此科学家们对细菌的研究更加深入。

到了1832年，意大利科学家巴希经研究证实，蚕生病的原因在于霉菌。也就是说，他证实了微生物就是疾病的原因。他还推论其他疾病也是因为微生物而产生的，比巴斯德1865年提出的假设还早。后来其他几位科学家证实农作物会因霉菌感染而生病。

德国外科医生罗伯·柯霍觉得很好奇，细菌到底如何让我们的身体生病呢？他对疾病的原因做了几项假设：

第一：罹患相同疾病者的身上，会出现引发该病的相同病原菌，而在健康的个体中找不到。

第二：病原菌可被分离，并在培养皿中进行培养。

第三：将培养的病原菌注入实验动物体内，会引发相同的疾病。

第四：从该罹病的实验动物体内，可再次分离出完全相同的病原菌。

或许上述的假设看起来理所当然，不过当时这是很可贵的假设，因为细菌学者都利用这个假设，而发现了各种传染病的病毒。

各位，跟着我念！

·柯霍氏假说·

第一：罹患相同疾病者的身上，会出现引发该病的相同病原菌，而在健康的个体中找不到。

第二：病原菌可被分离，并在培养皿中进行培养。

第三：将培养的病原菌注入实验动物体内，会引发相同的疾病。

第四：从该罹病的实验动物体内，可再次分离出完全相同的病原菌。

柯霍以该假说确立了"病原学"，即每种传染病都有其病原菌。因此必须从无数的细菌中，找出引发该病的病原菌，才能对症下药。

1882年，柯霍发现了结核菌。后来继续研究，1883年时又发现了霍乱菌。1905年时，他因为发现结核菌的功劳而获颁诺贝尔生理学或医学奖。

后来的科学家们根据他的方法，陆续发现了伤寒杆菌、麻风杆菌、白喉杆菌、鼠疫杆菌、痢疾杆菌、淋病双球菌、梅毒螺旋菌等。由于知道了疾病的原因，人们逐渐开发出消灭各种不同病毒的药方。因为这些前人的努力，人类才可以活得更健康。

杀死病菌的盘尼西林——弗莱明

当时虽然已经可以利用病原菌，开发出预防疾病的疫苗，但很可惜，还没有找到方法来治愈已经患病的人。

1928年，英国医生弗莱明在研究微生物期间，做了一趟夏季度假之旅。当时弗莱明也许因为兴奋地赶着去度假，竟然将实验室里培养细菌的实验进行到一半就离开了，培养皿里的细菌就这样被搁置了好多天。

其实进行科学实验时，原则上每次实验做完后，应该将实验工具消毒干净，并盖好培养皿，以免空气中飘浮的灰尘或微生物掉进培养皿里，这样很可能会产生意料之外的实验结果。

果然如此，弗莱明度假回来，一踏入实验室，就发现没盖好的培养皿都变脏了。于是他开始动手整理发霉的培养皿，这时看到了奇怪的现象。

"咦？青蓝色霉菌周围的细菌怎么都死了？"

原来青蓝色霉菌就是青霉菌。当时弗莱明对于可以杀死微生物的抗生物质"溶菌酶"有高度兴趣，我们的泪水和唾液中便含有溶菌酶。

弗莱明意外发现青霉菌也可以杀死细菌，于是收集青霉菌并培养来研究抗生物质。结果得知青霉菌中只有一种"特异青霉菌"（也称为产黄青霉菌）才能制造抗生物质，后来便将该物质命名为"盘尼西林"（青霉素的音译）。

盘尼西林会分解微生物的细胞壁，导致细胞爆裂死亡。弗莱明还发现该盘尼西林对其他细菌也有效。例如对肺炎链球菌、炭疽杆菌、脑膜炎双球菌等等这些引发传染病的细菌也很有效。可惜对结核杆菌、大肠杆菌、流感病毒等几乎没有效。

第二次世界大战中由于病毒侵入伤口，很多负伤者罹患败血症而死。但是很多伤者只要注射了盘尼西林，就会产生显著的疗效，很多人转危为安。因此盘尼西林成了"奇迹之药"，而且随着科学技术的进步，大量生产盘尼西林也成为可能。

全世界有无数传染病患都受惠于盘尼西林。还好有盘尼西

林，人类的生命和健康才进一步获得确保。

虽然盘尼西林被称为世界最早的抗生素，但人类使用抗生素的历史可以追溯到更早以前。

根据文献记载，公元前300年左右，古埃及人曾使用过天然抗生素"蜂胶"，那是蜜蜂把树木分泌的树脂和自己的唾液、蜂蜡混合制造的深褐色黏稠液体，用来修补蜂窝的缝隙或破洞，可以阻挡虎头蜂、老鼠或细菌等侵入。

1965年，法国医师雷米研究细菌不会黏住蜜蜂身体的原因时，发现了该物质。

据说，大约2000年前时，非洲东北部的努比亚王国国民经常食用"四环霉素"的天然抗生素。

当时努比亚人很爱喝啤酒，而制作该啤酒的原料里含有抗生素。不仅成人，甚至连四岁孩童的遗骨中也能抽取出大量的抗生物质。

这些天然抗生素是古代人凭经验所使用的治疗剂，疗效不像盘尼西林那么强，而且很难一次大量生产，这是当时科学技术上的限制。

1945年，弗莱明因为开发出盘尼西林的功劳，而与弗洛理、柴恩分享了诺贝尔生理学或医学奖。

从此以后，人们将盘尼西林当成灵丹妙药一样使用，身体稍微不适就服用盘尼西林，甚至在家畜饲料里都混合了抗生

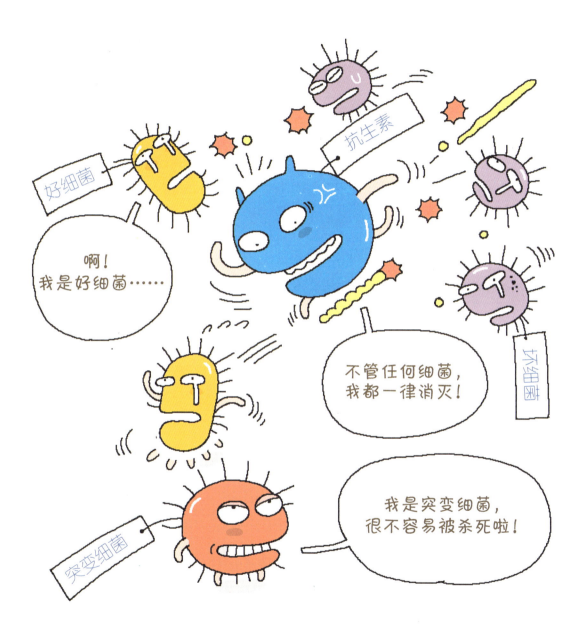

素。如此滥用，开始产生问题。

因为使用抗生素时，不但会杀死有害的细菌，连体内有益的细菌也会死。也就是说，外界的有害细菌侵入体内时，体内担任防御角色的细菌也会死。

更严重的问题是每十万只细菌中，会有一只细菌具有不被抗生素打败的基因。这种不被抗生素打败的情况，专业术语称为"耐受性"，这只细菌可说是一种突变细菌。

而且细菌的遗传基因中有一种"质体"，有些质体含有某种抗药基因，这种质体在细菌成长时并非立即需要，而是像我们的私房钱一样，充作不时之需。

在自然状态下，具有抗药性的细菌透过接合作用，将含有抗药基因的质体转移复制到无抗药性的细菌里，就会让抗生素无法发挥作用。或是无抗药性的细菌遭遇抗生素时产生基因突变，而对药物产生抗药性，并会把抗药性基因遗传给后代。

这时人们便要使用药力更强的抗生素，才可以杀死细菌，恢复健康。

万一细菌对更强的抗生素也产生抗药性时该怎么办？当然要使用更强的抗生素。然而假如一再出现具有更强抗药性的细菌时，怎么办？

只能继续不断制造出更强的抗生素吗？盘尼西林被称为"第一代抗生素"，之后陆续制造出逐渐加强的抗生素，现在

　　已经发展到"第四代"抗生素。不过如今出现了连第四代抗生素都不怕的"超级病毒",使人们陷入恐惧中。

　　实际上,1961年时在英国发现耐甲氧西林金黄色葡萄球菌（简称MRSA）,这种细菌对抗生素的抗药性非常强,使用盘尼西林时,一百只中八十四只会存活。

因此为了杀灭它们而制造了更强的抗生素——万古霉素。可是到了1996年，在日本又发现对该抗生素具有抗药性的抗万古霉素金黄色葡萄球菌（VRSA）。好像遵循某种规则似的，一定会再出现对新抗生素具有抗药性的细菌。

2010年8月时，世界各地出现多重抗药性肠道菌感染症（简称NDM-1）病患。除了最早发病的印度、巴基斯坦170多人及英国70多人之外，美国、比利时、香港、日本等至少14个国家也同时发现了这种病。

其原因只能推测，因为感染这种病毒的患者，大部分是当时去印度接受整形手术（比欧洲便宜）的人。该病毒是超强的超级病毒，据悉目前人类制造的最强抗生素都杀不死它。

同一年，在日本有九人受到"超级"病毒感染而丧命，原因在于多重耐药性鲍曼不动杆菌（简称MRAB）。虽然可以用黏菌素或甲状腺球蛋白周期素等抗生素来治疗，但如果症状严重或已经过了治疗时机，病患就会死亡。

韩国一所大学医院感染内科的医疗团队，自2007年起在一年期间调查了医院内部的细菌，研究结果发表于2010年7月号的医学学术刊物上。根据报告，当时该医院重症加护病房的35.8%病患受到MRAB感染，其中四人丧命。

这种细菌在我们周围的土壤中也很容易看到，所以并不是那么令人担心的恐怖细菌。不过对于长期使用抗生素或免疫力降低的体弱病患来说，它们就可能会造成很大的危害。

反过来说，超级病毒的出现也许是我们滥用或错用抗生素的代价。现在还来得及，不要因为抗生素方便而养成滥用的习惯。

我身体里面有微生物！

绝对禁止靠近小宝宝！

现在我们的身体里充满微生物，但是在妈妈子宫里时几乎没有微生物。从妈妈子宫里出来的过程中，胎儿会接触大量乳酸菌。这时乳酸菌会制造出乳酸，打退细菌，洁净婴儿的身体。婴儿一出生便发出"哇~！"的哭声，立即遇上空气中的微生物。

刚出生的婴儿处于干净状态，因此没有免疫力，假如微生物中的细菌或病原菌等强有力的细菌这时侵入，便会有危险。我们身体所需的微生物进入婴儿体内后，至少需要三周的时间才会稳定。

因此古代朝鲜人在孕妇生完宝宝后21天内，大门前会挂上"禁带"，代表家中刚生小孩，禁止外人到访。

一般都用草绳绑上竹叶、松枝、辣椒、木炭后悬挂在大门两侧的柱子上。所绑的东西是自古以来一直作为食品防腐剂的东西。据说辣椒可以赶走恶鬼，木炭可以赶走杂鬼等，具有巫俗上的意义。

　　禁带通常要悬挂21天。虽然这是古人们靠经验而得来的智慧，但也刚好符合现代科学观念，令人不禁赞叹。

　　小宝宝出生后第一件要做的事情就是吃母乳。母乳里含有大量可提高我们身体免疫力的物质。小宝宝在吃母乳期间，会增强对细菌或病毒等微生物的抵抗力。妈妈的乳头有乳酸菌、酵母菌等多样的微生物，这些微生物有助于小宝宝的肠胃健康。

微生物从嘴巴进入

不仅小宝宝,连成人也都是透过嘴巴来摄取养分。如此重要的嘴巴里最多约有700种细菌。

我们的嘴巴里很温暖,而且会分泌口水来保持湿度,是很适合细菌生存的环境。而且随时都会有食物进入,可以吃的东西很丰富,对细菌来说就像天堂。

牙齿和牙床之间、舌头、上颚、喉咙等口内各角落都有细菌盘据。当然口水里也有细菌,当我们吐口水时,1毫升的口水中就有多达10亿只细菌。1克的牙垢中也隐藏着超过1亿只的细菌。

其中转糖链球菌的恶名昭彰，它是让我们产生蛀牙的原凶。转糖链球菌会将糖分代谢成乳酸，在我们吃完食物经过1分30秒后便产生乳酸，并黏着牙齿，开始溶解牙齿。

因此吃完食物后最好尽快刷牙，或是嚼食含有木糖醇的口香糖，转糖链球菌吃到木糖醇的甜味，以为是糖，但其实是类似甜味的物质，没办法代谢成乳酸。另一方面，在咀嚼木糖醇口香糖时，会促进唾液分泌，既可以中和稀释伤害牙齿的酸性物质，也可以抑制细菌在牙齿表面的吸附，减少牙齿的酸蚀，防止牙菌斑的产生。

此外，我们嘴里还有会引发牙周病的牙龈卟啉单胞菌，或让口腔发炎的白色念珠菌等坏微生物，但大部分微生物会维护我们的健康。

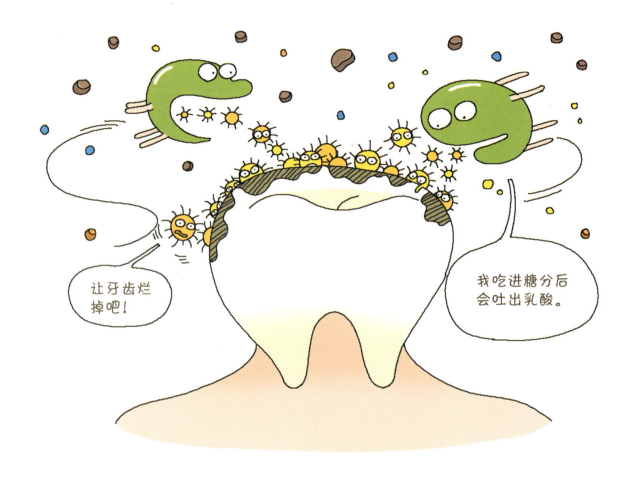

例如疱疹病毒躲在口腔中，趁我们疲劳而免疫力降低时开始活动，使得嘴巴周围发痒，严重时嘴唇会长水泡。然而令人意外的，当艾滋病毒等微生物侵入我们身体时，它会担任击退艾滋病毒的角色。

肚子里充满微生物

我们用嘴巴吃进的食物,经过食道进入胃部。胃部里面约有120种微生物,其中幽门螺旋杆菌最恶劣,数万年间都躲藏在人类的胃部里,世界超过50%人口的消化系统中含有幽门螺旋杆菌。

这种微生物在人的胃里会啃蚀胃壁的黏膜,引发胃溃疡,严重时会导致胃癌,是很恐怖的细菌。其实胃里有胃酸,用来消化食物,化为可吸收的养分。胃酸可以溶解大部分食物,然而幽门螺旋杆菌会自制酵素将自己包起来,根本不怕胃酸,过得很自在。

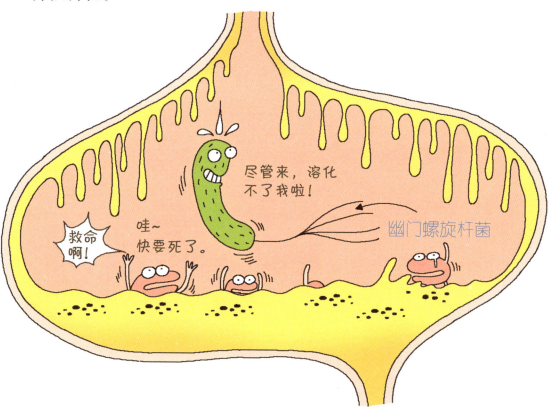

1979年澳大利亚病理学家罗宾·沃伦在胃部发现了幽门螺旋杆菌，1982年在微生物学家巴利·马歇尔的协助下，证实了该菌为胃溃疡的成因。这两位科学家因为这项贡献，在2005年时共同获得了诺贝尔生理学或医学奖。

在胃部消化的食物经过小肠、大肠后排便出来。长约8.5米的肠子，是我们体内微生物最多的地方，种类多达500种，数量至少超过100万亿。

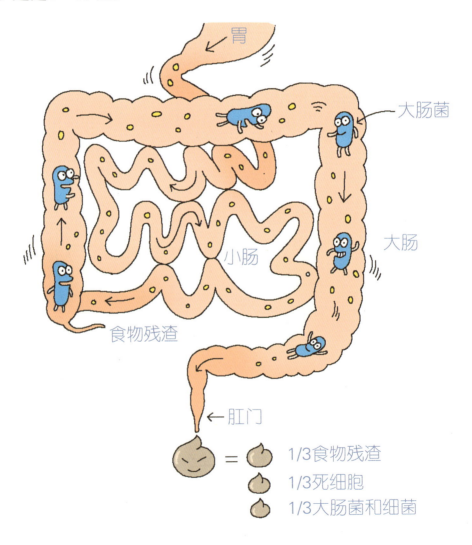

仔细观察大便就知道，约四分之三是水分，其余四分之一可分成三大部分，一为食物残渣，二为死细胞块，三为细菌等微生物。肠子里的微生物会分解食物来帮助消化，也会分解毒性物质。

此外它还担任很重要的角色，就是合成制造我们身体的必需维生素B1、B2、B6、B12、K等。托它的福，我们可以脱离因维生素不足而产生的各种疾病。我们很熟悉的大肠杆菌也住在大肠里。它们都黏贴在大肠壁上，会发酵分解食物，让养分更容易吸收。

住在我们肠子中的乳酸菌，会打败肠内使食物腐烂并发臭的坏细菌。由此可知，我们肠子里有益的微生物，会恰当控制有害的细菌，使我们更健康。

根据2011年发布的调查结果，长寿村的居民比都市人较常吃发酵食品或蔬菜，体内有乳酸菌、乳酸球菌属等，有益的乳酸菌比都市人多2~5倍。但是对我们有害的细菌，在长寿村居民体内几乎找不到，或是比起都市人少好几倍。如果希望长寿，应该多吃蔬菜和发酵食品。

皮肤上有好多微生物

住在人体上的微生物集团

丙酸杆菌

寄生在脸部吃皮脂维生。丙酸杆菌繁殖时会长青春痘。

棒状杆菌

寄生在腋毛里,吃汗水和分泌物,会制造汗臭味,四处飘散。

葡萄球菌

平常寄生在鼻孔里,但也随时分散到皮肤各处。长得像葡萄串一样,因而称为葡萄球菌。

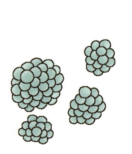

微球菌

在脚趾和脚底角质钻洞寄生。脚发汗时繁殖,会发出严重的脚臭味。

微生物也会寄生在我们的皮肤上。虽然皮肤平时维持干燥，但也有湿润的部分，例如排汗的汗腺及排油的皮脂腺。

汗腺散布在我们全身，约有200万~400万个，尤其是手、脚、腋下等部位较多。长毛较多的部位有发达的皮脂腺，常维持湿润状态。一旦湿度够，就很适合微生物生存。

皮肤扮演保护身体的角色，由于时常与外界接触，因此周围空气、泥土中的微生物很容易就黏着在我们的皮肤上。据估算，一只成人手臂约有200种微生物寄生。其中一半是葡萄球菌、链球菌、丙酸杆菌、棒状杆菌等四种微生物，它们也会阻挡坏微生物进入我们的皮肤。

可是寄生在我们皮肤及身体各处的葡萄球菌常引发疾病，丙酸杆菌则引发青春痘。寄生在人体而造成骚扰的大多是霉菌，引发足藓的皮癣菌等也是霉菌类的一种。

很多爸爸或叔叔因

为脚汗多都有香港脚。特别是有些叔叔他们当义务兵时，经常穿作训鞋，在外参加训练，不方便洗脚或换穿新袜子，因此脚上滋生细菌，得了香港脚。

不要因为他们有足癣就嘲笑哦，这可是他们为祖国而做出的牺牲呢。

会捣蛋的微生物

护身符可以当特效药？

细菌是什么东西？病毒是什么东西？在没有这些知识的古代，我们的祖先生病时会怎么处理呢？

例如，肚子痛时大概会靠经验获得的知识，服用或涂抹对肚子痛有效的药草来治疗。

不过如果传染病散布全村时怎么办？染病的人承受发高烧、拉肚子或是身体长脓包等说不上来的痛苦，最后甚至丧命。不用说，村民都会陷入极度恐惧中。

以前人们认为是传染病的厉鬼闯入了村子里，因此古时将传染病称为"瘟疫"，而传播疫病的恶鬼则称为"瘟神"。中国古代流传着很多"避瘟神""送瘟神"的传说和风俗。其中最有名的就是贴门神。

相传远古时候，神荼与郁垒是一对兄弟，他俩都擅长捉鬼，如有恶鬼出来骚扰百姓，神荼与郁垒俩便将其擒伏，并将其捆绑喂老虎。后来人们为了驱凶，在门上画神荼、郁垒的像，也有震慑鬼怪，从而驱除疫病之效果，而流传至今。左扇门上叫神荼，右扇门上叫郁垒，民间称他们为门神。也就是说，他们的画像等于是"护身符"。

  人们认为可以赶走疫病的"门神"和"护身符",一直沿用至今。每逢春节,人们就在自家大门外粘贴门神,以求驱逐瘟疫,祈祝来年顺利。

  很好笑吧?那是因为现代科技发达,大家都已经知道传染病的原因是细菌或病毒。

  即使如此,我们仍然如古人一样喜欢做不科学的事。例如,朝鲜《东国岁时记》中记载元宵节时,人们要吃核桃、松子、栗子等坚果类,称为"嚼疖"。

为什么要这样做?因为啃坚硬的食物有助于牙齿的健康。这个答案虽然没错,不过最重要的理由,却是古时疔疮等皮肤病很令人烦恼,而民间相信吃下颗数与自己岁数相等的坚果,就一整年都不会长疔疮。

到了冬至时,我们中国有些地方的人会吃红豆粥。这个习俗是根据《荆楚岁时记》中记载的红豆粥故事。

据说古代的洪水之神共工氏有一个儿子，罹患了传染病，死于冬至那天，死后变成散布传染病的疫鬼。那位儿子生前非常讨厌吃红豆，因此人们相信煮红豆粥后，泼洒在大门上和家里各个角落，疫鬼就不敢进来。

如今到了冬至时，有些人还是会煮红豆粥来吃。当然，现在我们把这件事当成自古以来的玩乐，并不是为了防卫疾病。

看吧！微生物就是疾病的原因！

在人类历史中夺去很多人性命的传染病，对古人而言是非常恐怖的灾殃，因为在原因不明的情况下，对它完全束手无策。

如今得知引发疾病的微生物会以很多种方法传染给人，例如引发流行性感冒等的病菌混杂于空气中进入呼吸器官而传染，引发疟疾等的病菌则是透过昆虫叮咬或饮用水及食物来传染。

好恐怖的细菌

大约1500年前，埃及南部流行一种怪病，病患像得了感冒一样会咳嗽也会发高烧。

奇怪的是，病患的皮肤会逐渐变黑，最后因呼吸困难而死亡。这种病如今称为"鼠疫"，而当时因为病人身体变成黑色后死亡，所以命名为"黑死病"。

公元542年时，东罗马帝国的君士坦丁堡也曾流行过相同的疾病，4~5年后便散播到全欧洲。

虽然不知道当时有多少人死于这种病，但推测应该死了不少人。据说1348年左右，全欧洲流行黑死病时，因这种病死亡的人数超过当时欧洲人口的四分之一，即多达2500万~3000万人。

引发这种病的鼠疫杆菌会寄生在老鼠或松鼠等200种啮齿类动物体内。啮齿类动物对鼠疫杆菌有免疫力，所以不会出现特别的感染症状。

可是对这种细菌没有免疫力的人类就不同了。咬过老鼠的跳蚤再来咬人时，鼠疫杆菌会透过叮咬来传染。被叮咬的人2~3天后开始发烧，承受黑死病的折磨。

1855年地球村再次出现黑死病，在中国云南省肆虐约四十年，夺走了十万多人的性命。不仅如此，还传染到香港，让人们陷入痛苦。

　　最后由巴斯德研究所紧急派遣法国细菌学者耶尔辛到香港。

　　1894年耶尔辛找出了病原菌——鼠疫杆菌。第二年回到法国后,制造出鼠疫杆菌疫苗。

　　除此之外,由细菌引发的疾病很多,例如霍乱、伤寒、结核、炭疽病、败血症等很多种。

我也很恐怖哦！——病毒

　　小朋友，你有没有看过爷爷、奶奶或爸妈手臂上有一个如烙印般的疤痕？如果你问他们这个疤痕的由来，他们会告诉你，那是小时候打过"牛痘"预防针的痕迹。牛痘是指牛的皮肤长出脓肿的痘疮，透过与牛的接触而传染给人类。由于牛痘病毒具有与天花病毒相似的抗原，曾经感染牛痘病毒的人类，其免疫系统也可制造针对天花病毒的抗体。

　　罹患天花时，会发高烧，全身长出红斑点并形成脓肿。严重时因细菌感染而皮肤溃烂，甚至死亡。致病的天花病毒用显微镜看起来就像砖块。

这是我小时候打牛痘预防针留下的疤痕。

据说，大约公元前3000年时，古埃及人制作的木乃伊身上留有痘疮的痕迹。印度及中国历史文献中，也分别记录大约公元前1500年及公元前1100年时，曾出现痘疮。

公元1519年时，西班牙军人为了掠夺黄金而侵略阿兹特克帝国。阿兹特克帝国曾在今日墨西哥中部建立过辉煌的文明，然而1521年时，阿兹特克人民却无力地被夺去了整个国家，这都是因为西班牙士兵曾罹患过天花。

当时西班牙人对天花已有免疫力，但是阿兹特克人民因为首次遇上天花而无力地倒地丧命。

到了1530年左右时，天花还传染到阿兹特克的邻国印加帝国。

印加帝国也因为天花而很多人民丧命，连国王和王子都在劫难逃。可以说天花在短时间内一口气消灭了两个文明。

据估计，在20世纪的100年内，天花夺去了约三亿人的性命，是个很恐怖的疾病。到了1798年，终于找到预防天花的方法。英国医师爱德华·詹纳从得过牛痘的挤牛奶女工不会罹患天花而得到灵感，他把感染牛痘的女工身上的脓挤出，涂抹在八岁少年詹姆士·菲利浦的两只胳膊划开的小伤口上。这种方法就叫做"种牛痘"。

这个少年虽染上牛痘症状但很快就康复了。接着将天花患者的脓注入这个少年体内，结果完全没有受到感染。也就是说，这个少年对天花有了免疫效果，而用这种方式制作的药就称为疫苗。

自从詹纳发明了给人种牛痘预防天花以来，人类经过近200年坚持不懈的疫苗接种，但到目前为止，仍无特效的方法治疗天花。接种天花疫苗（种痘）是预防和控制天花肆虐的简便易行的有效措施。

1967年，世界卫生组织（WHO）开始为全世界的人注射天花疫苗，直到1980年，WHO才宣布全球已没有罹患天花的人，天花终于被消灭了。

像天花一样因病毒引起的疾病中，除了我们很熟悉的流行性感冒以外，还有麻疹、腮腺炎、病毒性出血热、德国麻疹、小儿麻痹、日本脑炎、狂犬病、乙型肝炎等。

忽视霉菌，会出大问题！

　　我们一般认为细菌或病毒就是致病的原因，不过有时霉菌也会引发很严重的疾病。

　　如今成为病因的霉菌种类多达200种，大部分发生在皮肤上，从皮肤过敏到香港脚等，症状很多样。

　　罹患艾滋病的人，可能会感受到致命性的威胁。一般人认为罹患获得性免疫缺陷综合症（即艾滋病）者的死亡原因，在于人类免疫缺陷病毒（HIV），但其实有时是因为念珠菌等霉菌而死亡。

它们一般都寄生在人类的口腔或肚子里，平常我们的免疫力比它们强，因此它们像乖小孩一样装做不会乱来。事实上，它们只是在耐心等待我们的免疫力减弱。

假如我们生病或疲劳而使免疫力降低时，它们便趁机开始捣乱。霉菌会随着血液流向我们身体的各角落，对细胞进行破坏。霉菌对艾滋病人来说是致命性的东西，会让人死亡。

想要保卫我们的身体，首先要保持健康，提高免疫力。

好好吃！可口的微生物

微生物能制酒？

将食物长时间放置时，微生物会黏住食物而变质。变质后对我们身体有益的叫做"发酵"，对我们有害的叫做"腐败"。"发酵"一词源自拉丁文的"沸腾"，因为酒熟成时产生泡沫的现象，看起来像水的沸腾。

人类从什么时候开始吃发酵的食物呢？据说与人类的历史几乎同步，例如酒便是其中之一。

果实从树上掉落到地面后经过一段时间，周围的酵母菌黏住果实，进行发酵后变成酒。蜂蜜与水混合后放置一段时间，自然发酵后也会变成酒。由于酒类的气味较强烈，经过的野生动物或人类会过去尝尝。

尝过的人类为了制造同样的酒而试图模仿自然的方法。根据推测，一定遭受多次的失败，但不断累积经验后，终于成功酿造出了好喝的酒。

我们所吃的发酵食物，大多是源自偶然发现到的自然发酵食物。

发酵食物的天堂——中国

自古以来，中国餐桌上常见的小菜中有相当部分是发酵食品。发酵食品对中国人非常熟悉。

中国传统上以农耕生活为主，因而发展出食物经过长时间仍可食用的储存技术。尤其是为了防止食物腐败而利用盐储存的技术，发展得特别好。

利用盐来腌渍食材，当细菌侵入时，盐分会吸收细菌细胞中的水分，杀死细菌，借此可以防止食物腐败，泡菜与鱼酱就是代表例子。此外还有以大豆为原料进行发酵的豆酱、酱油、辣椒酱等。

大豆发酵食品

老祖先们很有智慧地利用谷物中被称为"田里长的肉"——具有丰富蛋白质的大豆，先将大豆煮熟，制成豆豉，经由发酵后再制造豆酱、酱油、辣椒酱等。

中国从5000年前便开始种植大豆来食用。根据东汉末年的《四民月令》记载，两千多年前中国人便利用大豆制造酱油来食用。此外《齐民要术》中也记载，公元6世纪时，清酱等酱汁物已经成为不可或缺的重要调味品。

酱油、豆酱、辣椒酱比较难制造，先要将大豆煮熟后做成砖块形豆豉。然后用干草绳绑起来风干熟成。在熟成的过程中，绿霉和干稻草里的枯草杆菌会使它发酵。发酵成功时表面会长白霉，里面会长黄褐色霉。如果长出黑霉，就代表腐坏了，应该丢掉。

将成功发酵的豆砖泡在盐水中3~4个月后，取出豆砖，再将熟成的盐水煮沸就成了酱油。

将取出来的豆砖打碎后，撒上一层盐巴，经过40天就成了豆酱。

将加了麦芽和糯米粉的水煮沸，放入豆砖粉和辣椒粉均匀搅拌，就成了辣椒酱。

豆酱等大豆发酵食品有丰富的双歧杆菌（又称为比菲德氏

菌），是广受欢迎的健康食品，据说双歧杆菌具有预防癌症及克服糖尿病的效果。

它还具有解毒及退烧功能，帮助消化及清洁肠道，因而可以保持年轻，预防肥胖。豆酱里的卵磷脂也会改善记忆力，可说是最佳补药。

尤其双歧杆菌在煮沸后也能保持80%~90%的效果。不过煮沸时间超过十分钟的话，双歧杆菌都会被消灭，所以如果喝一再加热的豆酱汤，双歧杆菌的益生效果会降低。

蔬菜发酵食品

如果中国四川人的餐桌上少了泡菜，一定会觉得很不对劲吧。泡菜是代表四川的蔬菜发酵食品之一。泡菜依材料及作法可分成数十种，例如：大白菜泡菜、白泡菜、卷心菜泡菜、萝卜片泡菜、小萝卜泡菜、芥菜泡菜等。此外还有黄瓜泡菜、萝卜水泡菜、萝卜泡菜等多样。

从2002年到2003年时，通称为SARS的严重急性呼吸道系统综合征在全球肆虐，病因是SARS新种冠状病毒。

当时唯有韩国人幸免于难，据说是因为韩国人同样常吃的泡菜中含有抗病毒的效果。实际上依据最近发表的研究结果，泡菜对预防禽流感或A型新流感等病原性流感也有效。

泡菜里含有约3000种微生物，仅发酵过程中就约有250种微生物在活动。其中乳酸菌的含量最多，等量泡菜中的乳酸菌比酸奶多四倍以上。

泡菜做好后置于10℃中熟成8天时,泡菜中的乳酸菌最多。吃熟成的泡菜可以预防癌症、整肠、击退坏细菌。

乳酸菌中的沙克(清酒)乳杆益生菌65能抑制异位性皮肤炎,肠系膜明串珠菌能降低血压,也能有效溶解黏稠血液中的血栓。从这几点来看,说泡菜是良药也不算夸张。

不过泡菜中的乳酸菌在70℃以上时会死亡,因此煮泡菜锅或炒泡菜料理时,较难获得泡菜乳酸菌的效果。

腌咸菜的基本材料除了蔬菜类以外,还包括果实类、海藻类、鱼贝类等。

此外，蔬菜发酵食品中还有腌咸菜，属于一种酱菜。从历史上看，可以说是泡菜的亲戚吧。泡菜是由腌咸菜演进而来的，现代人所吃放辣椒粉的泡菜历史比较短。明朝中后期时辣椒才引进中国，从此之后才以辣椒为调味料。

腌咸菜的基本材料很多样，除了蔬菜类之外，还有柿子或梅子等果实类、海苔或海带等海藻类、花生或核桃等坚果类、干黄鱼或蚌等鱼贝类。将这些材料泡在酱油、辣椒酱、豆酱、醋、鱼酱、酒、盐等里面，发酵熟成后便可食用。我们吃的食物中几乎所有材料都可以做成腌咸菜。

腌咸菜有很多种，例如腌萝卜、腌蒜头、腌小黄瓜等等，腌法也很多样。自古以来，这些小菜经常出现在我们的餐桌上。

鱼酱

用盐腌渍鱼贝类使其发酵熟成的食物就称为鱼酱，是中国及东亚各国自古以来常吃的食品。

中国有漫长的海岸线，很适合腌制鱼酱。依据《逸周书》记载，商朝著名宰相伊尹就善于制作鱼酱，由此看来，鱼酱的历史相当久远。

鲜虾酱、小鱼酱等可用整条鱼虾来腌；蚌酱、鱿鱼酱等仅挑肉来腌；明太酱等只取出内脏来腌成鱼肠酱；明太子酱等则是取出鱼卵来腌。

鱼酱里有双歧杆菌及很多种微生物、酵母菌来帮忙发酵，尤其是酵母菌增加到最大量时，鱼酱的风味最好。

鱼酱被世界权威机构评选为世界最高营养的发酵食品。根据研究，鱼酱中的乳酸菌、酵母菌及蛋白质分解菌的含量远比奶酪还多。

世界各国的发酵食物

牛奶发酵食品

今日我们爱吃的酸奶、奶酪是西方代表性的牛奶发酵食品。

酸奶盛行于土耳其、西亚、地中海东部、欧洲东南部的巴尔干半岛等地,食用者大多是饲养牲畜的农民。

以前饲养牲畜的游牧民族将水、酒或牛奶等液体装在牛皮或羊皮袋里,而皮袋里还残留有活的乳酸菌,因此皮袋中的牛奶经过几天后开始发酵。

乳酸菌将甜味的乳糖发酵成酸味的乳酸,变成如粥一样黏稠,那就是酸奶。依猜测,当时人们尝过酸奶后,发现不但对人体无害,而且让排便顺畅,肚子里也很舒服,更重要的是那酸酸的风味吸引了大家。

俄罗斯生物学家梅契尼科夫,很好奇保加利亚人为何较长寿。研究结果发现,他们长寿的秘诀就是常喝含保加利亚乳杆菌的酸奶。它揭晓了一个事实,酸奶中的乳酸菌在人体肠内可以抑制有害的微生物。

尤其是双歧杆菌会有助于我们的肠道健康，而且具有抗癌效果，可以缓和异位性皮肤炎。

从今天起，我们也开始喝对人体有益的酸奶，而不要喝对人体有害的碳酸饮料或加工饮料吧！在此要留意一点，就是从冰箱取出的酸奶，放在室温中六小时以上，乳酸菌会减少，其效果也随之降低。购买时一定要确认印在容器上的有效期限！

披萨上面的奶酪也是以牛奶为原料的发酵食品，奶酪是由嗜热链球菌和乳酸杆菌来协助发酵。

原来保加利亚人长寿的秘诀，是常喝含保加利亚乳杆菌的酸奶。

奶酪也如酸奶一样，不清楚是谁、什么时候发明的，只能猜测可能是偶然中做出来的。

约4000~5000年前，中亚有很多阿拉伯商人，他们为了贸易，勤奋地横穿沙漠前往远地。这些商人将羊的胃制作成水袋来使用，这种袋子不仅可以装水，有时还装酒或牛奶。

然而商人们穿过沙漠时，水袋里的牛奶被沙漠中的酷热慢慢加温，最后变成软软的固体。商人拿出来吃看看，觉得很好吃，于是一口接一口，心里想下次还要如法炮制。这就是人类与奶酪的初次相遇。

就这样，制造奶酪的方法经由希腊和罗马，传播到全欧洲。如今已知的奶酪种类约有2000种，但现在我们可以吃到的奶酪约500种。

面包

就像我们每天吃饭一样，西方人每天以面包为主食。面包对他们来说，是非常重要的食物。

从什么时候开始做面包来吃，并不清楚。就如大部分的发酵食品一样，只能猜测可能是偶然间制成的。

古人常把谷物磨成粉，加水混合成面团后，在火上烤熟来食用。当然那是没有经过发酵的面团，这类面饼很普遍，在世界各地的民间食物中都可以找到。

有人猜测，大约公元前3000年时，巴比伦人利用小麦发酵制造啤酒，然后在做面饼时加入发酵的啤酒从而做出了面包。

不过有更确实的资料显示，公元前2000年左右，埃及人利用发酵的面团做出了面包，因为在古埃及遗物中发现了烤面包的图像及雕像，而且据说当时称埃及人为"吃面包的人"，因

魔法师"酿酒酵母"

为埃及人很爱吃面包。

我们所呼吸的空气中飘浮着很多种天然酵母。面包会依据加入面团中使其发酵的酵母种类及发酵程度的不同，而产生甜、酸、软、粗等不同的风味。

做面包时让面团发酵的微生物，被称为"酿酒酵母"，因为这种酵母也用来制造啤酒。

当它发酵时，会吸收淀粉，并释放出酒精和二氧化碳，这时二氧化碳四处扩散，让面包变得松软，而酒精则会增加面包的香味。

后来人们从天然酵母中，选出了制作面包时发酵能力最好的酵素，加以培养来使用，将它称为"酵母"，大部分烘焙店做的面包都是用酵母发酵的。

与微生物好好相处吧

微生物！和我做朋友吧！

看过上述内容就知道，微生物对我们有益也有害。既然如此，我们就从微生物中挑出对人类有益的来善加利用吧。

目前我们生活中最要紧的就是环境和能源问题，如果能利用污染环境的祸首之一——垃圾来生产干净的能源，一定是两全其美的好方法。

如今各个先进国家为了制造改变基因的"能源细菌"而展开激烈的竞争。不久前开发出了利用米糠或玉米梗等谷物垃圾来生产燃料的技术。据说，最近美国在利用微生物将200吨的都市垃圾转化成约450万加仑的生物燃料。

"氢能源"是令人瞩目的未来干净能源，利用梭状芽孢杆菌属的细菌发酵时会制造出氢，目前正在实验与光合细菌联合来大量制造氢。

如果这一方法真的管用，那么我们就能将大量的垃圾变成氢能源，变废为宝。据英国贸工部统计，全球氢能源价值将近5000亿美元。

既然石油是有限的资源，就应该努力开发替代它的能源，微生物在这个领域占有很重要的地位。

　　中国的发电量将近80%都是燃烧煤、石油或天然气所产生。据说有种"硫还原泥土杆菌"会制造电力，它栖息在海底土壤中，不需氧气，会分解周围的有机物而产生电力，好期待它有一天能实际派上用场。

　　1977年科威特籍"布拉格"油轮在基隆外海触礁搁浅，漏出原油15000吨，是中国台湾地区海洋史上最严重的油污染事

件；2010年墨西哥湾的英国石油公司海底油井爆炸，泄漏出数百万桶原油。这时除了人力除油之外，海中有许多微生物蜂拥而至，快速地吞噬分解石油。

部分栖息在油田四周的细菌很会分解石油，根据研究，绿脓杆菌可以分解柴油、航空燃油、船用6号燃油。2010年墨西哥湾原油泄漏时，也发现了会分解石油的新种微生物。要是能大量饲养这种微生物，就可以降低石油引起的污染。

  我们制造的垃圾中塑料类是个大问题,因为在自然状态下,塑料瓶需要100年,泡沫塑料需要500年才会腐烂。假如有微生物可以分解这种塑料类就再好不过了。

  美国密歇根州奥斯科达地区的土地污染很严重,在这里发现栖息于地下6米的微生物"BAVI"会吃塑料,希望能发现更多种这类的微生物。

此外，名为硫酸盐还原菌的微生物会吃铁及其他金属，因此有人将会吃金属的微生物运用在采矿上，例如让硫杆菌寄生在含铜的岩石中，吃铜后会排出稀释的铜便。其实这种方法从罗马时代以来就在矿区使用。今日全世界生产的铜有四分之一都是利用微生物而来的。

有一些金属对人类具有致命性，例如镉、砷、汞等重金属。这些重金属不会被排出体外，而会堆积在体内，因此为害不浅。科学家发现希万氏菌属的微生物会吃掉这种重金属，排出对我们人体无害的物质。

微生物在环境领域中也很有用，尤其是净化水质，除了利用希万氏菌属等细菌以外，也可利用草履虫、变形虫等原生动物。有时霉菌也扮演重要的角色，它们会分解混杂于水中的污染物质或有机物，使水质变干净。

在农业领域，对微生物的研究也很积极。植物和微生物之间的关系本来就很好。尤其是根瘤菌会吸收空气中所含80%的氮后注入根部，是植物生长中不可或缺的重要微生物。

当植物受到病菌攻击时，会对周围的微生物发出求救讯号，这时微生物会聚集至根部，增强植物的免疫力，以便克服疾病。

近来陆续开发出利用微生物的农药，取代对人体有害的化

学农药，例如苏云金芽孢杆菌（简称Bt，又称为苏力菌）。将这种菌喷洒在蚊子、蚜虫、白蝶幼虫等身上时，它会侵透害虫的消化器官导致其死亡。

若对危害松树的松针瘿蚊喷洒白僵菌，会将其杀死，但对人体却完全无害。如今可使用的微生物农药约有700种。

身体的健康要靠自己

如果因为微生物而罹患疾病，便索性将世界上所有的微生物全部消灭，结果会怎么样？其实不可能将肉眼看不见的微生物全部消灭，而且如果连对人体有益的微生物都消灭的话，会造成严重后果。

不管怎样，我们和微生物非共存不可。既然要共存，就互相好好共存吧！我们在生活中只要稍微用点智慧，保持健康的生活并不困难。

最要紧的一点就是要增强免疫力。你可能听大人说过，白天时小孩子应该到户外尽情玩耍，晚上时好好睡觉。这是自古流传下来的叮咛，其实从科学上来看也很有道理。

"只要一天晒一两次太阳，每天徒步10~20分钟，免疫力就会增强。"

这是医生常提醒我们的"阳光澡"。照这样做，我们的身体就能自己制造提高免疫力的维生素D。加上做些跑跑跳跳的运动，我们的身体会变得更健康。到了晚上，好好睡八小时以上，才会产生足够的荷尔蒙褪黑激素，提高免疫力。

此外，想保卫我们的身体免受病毒危害，事先预防很重要，要按时接种预防针。只要做好这几点，我们便能防范大部分的疾病。

假如有人给你沾满细菌的冲水马桶手把，并要你一直带在身上，你会欣然接受吗？然而你们经常触摸的手机上细菌比冲水马桶手把多18倍！

　　也许你觉得很恶心，但事实就是如此。不止手机，遥控器等家电用品以及我们常使用的文具用品也一样。从现在起，我们经常碰触的东西，应该随时擦干净，养成保持卫生的习惯。

还有平时要检验周围环境，以免我们所居住的房子意外地成为适合微生物繁殖的环境。一天三次以上，每一次30分钟为室内换气，衣橱等家具的门也要打开一下，尤其在湿度高的夏季，家具里放些除湿剂也会有效。

细菌或霉菌喜爱黑暗潮湿的环境，所以水分较多的厨房、浴室里，会有很多微生物活动。

厨房的水槽、抹布、砧板、水龙头等，应该保持干燥。尤其是抹布或砧板上会有很多引发食物中毒的沙门氏杆菌、弧形杆菌等细菌，因此搭配使用除菌的洗洁精，应该会有更好的效果。

浴室的浴缸里储水时，细菌会有垃圾桶的300多倍，因而可能让人罹患肺炎、尿道感染、皮肤病等。平时应该要保持清洁。

尤其浴室里兼有马桶的话，务必养成习惯，每次冲马桶时一定要盖上马桶盖，因为排便后未盖马桶盖就冲水的话，大肠杆菌、大便、小便、病毒等混杂着小水珠，会往上喷约6米高，也就是说有100亿粒小水珠及细菌仿佛喷泉般喷向四周。

此外也要经常留意家里的冰箱、空调、吸尘器以及我们搭乘的汽车等，也会有很多微生物活动。

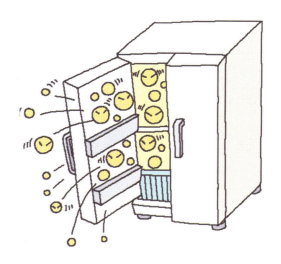

一定要记住，冰箱并不是万能储藏库，会引发食物中毒的李斯特菌在5~10℃的环境中也能活跃。因此要养成习惯，冰箱里的食物都要确认有效期限。

参考一下，WHO公布的十种预防食物中毒的方法：

1. 只食用能确认卫生状态的食物。
2. 食用煮熟的食物。
3. 煮熟的食物要立即食用。

4. 定期重新煮熟食物。

5. 避免熟食和生食一起保存。

6. 食物在冰箱中保存也不能过久。

7. 经常洗净双手。

8. 经常将厨房清理干净。

9. 食物应完全隔离昆虫或动物。

10. 饮用安全的水。

注意以上几点，就可以避免食物中毒。

除此之外，也要养成习惯一天刷牙三次以上，外出回家一定要洗净双手。

流行感冒肆虐或沙尘暴、浓雾造成空气不干净时，外出一定要戴口罩，这样才可以过滤空气中混杂的微生物或污染物质。

想与我们周围活动的微生物平安相处，首先要养成良好的卫生习惯，然后给周围的微生物一个健康的笑容。

"微生物，你好吗？我也很好哦！"

微生物常识问答

01 微生物是一种非生物。（○ ×）

02 跳蚤和蚜虫虽然体型小，但属于昆虫的蜘蛛类。（○ ×）

03 机器人会动，所以它是生物。（○ ×）

04 生物的重要特征之一就是会自行复制。（○ ×）

05 我们食用的松茸、香菇等菇类都是属于微生物。（○ ×）

06 菇类中也有毒菇，可能危及生命，因此不可以食用。（○ ×）

07 病毒和朊毒体比细菌小一百倍。（○ ×）

08 virus一词源自拉丁文的"毒"。（○ ×）

09 给牛吃以动物骨或肉磨成粉的饲料，可能会让它患上疯牛病。（○ ×）

10 疯牛病的牛肉只要煮熟食用，对人体完全无害。（〇 ×）

11 1990年美国生物物理学家卡尔•伍斯和乔治•福克斯将生物分类为_____、_____、_____。

12 细菌没有细胞。（〇 ×）

13 鸵鸟蛋很大，由数百个细胞构成。（〇 ×）

14 细菌繁衍子孙的方法有_____、_____、_____。

15 大肠杆菌每20分钟分裂一次来制造后代。（〇 ×）

16 古菌是指从远古时代就开始居住在地球上的细菌。（〇 ×）

17 有些微生物在水沸腾的100摄氏度环境中仍可存活。（〇 ×）

18 计算机病毒传染给人类时会罹患很恐怖的疾病。（〇 ×）

19 列文虎克是第一位利用显微镜观察微生物的人。（〇 ×）

21 巴斯德率先使用"疫苗"一词。（○×）

22 侵入人体的病原菌称为_____，抵抗病原菌的物质称为_____。

23 打预防针可让人体增强免疫力。（○×）

24 如果人被引发疾病的病毒感染，就会无法治愈而病死。（○×）

25 弗莱明发现会杀死细菌的青霉菌之后，就发明出了盘尼西林。（○×）

26 盘尼西林是万能药，任何时候都可大量使用。（○×）

27 大约2000年前，人类已会使用天然抗生素。（○×）

28 已产生抗药性的细菌，会增强我们身体的抵抗力。（○×）

29 超级细菌像超人一样穿着红内裤，住在超级市场里。（○×）

30 德国外科医生罗伯·柯霍说疾病的原因在于细菌。（○×）

31 刚出生的宝宝，免疫力很弱。（○ ×）

32 我们的口腔很干净，没有细菌。（○ ×）

33 我们身体里的细菌只会做坏事。（○ ×）

34 大肠菌只能住在大肠里，一到体外便会立刻死亡。（○ ×）

35 发生传染病时要持有护身符才能安全。（○ ×）

36 假如元宵节时不吃松子、核桃、花生等坚果，皮肤一整年会长痘子。（○ ×）

37 黑死病是由鼠疫杆菌引起。（○ ×）

38 最近得天花病死的人逐渐增加。（○ ×）

39 霉菌绝对不会引发疾病。（○ ×）

40 微生物中的酵母菌具有会制造酒和面包的才华。（○ ×）

41 微生物附着于食物上而产生变化时，对我们身体有益的称为

＿＿＿＿＿＿＿＿，但产生毒素而对人体有害的称为＿＿＿＿＿＿＿＿。

42 泡菜是健康食品，不但含有乳酸菌帮助消化，而且也会阻挡病毒。（○ ×）

43 用牛奶可以制造酸奶或奶酪。（○ ×）

44 利用微生物可以把垃圾变成燃料。（○ ×）

45 有一种栖息地底的硫还原泥土杆菌可以制造电力。（○ ×）

46 海上发生漏油事故时，海中有许多微生物会蜂拥而至，快速地吞噬分解石油。（○ ×）

47 用微生物制造的农药不同于化学农药，对人体无害。（○ ×）

48 没擦干净的手机比冲水马桶把手多18倍的细菌。（○ ×）

49 只要按时接种疫苗，可以预防大部分的危险传染病。（○ ×）

50 若不想食物中毒，最好什么都不要吃。（○ ×）

答案

01 ✕ | 02 ✕ | 03 ✕ | 04 ○ | 05 ○ | 06 ○ | 07 ○ | 08 ○ | 09 ○ | 10 ✕ | 11 细菌、古菌、真核生物 | 12 ✕ | 13 ✕ | 14 分裂法、出芽法、孢子法 | 15 ○ | 16 ○ | 17 ○ | 18 ✕ | 19 ✕ | 20 ○ | 21 ○ | 22 抗原、抗体 | 23 ○ | 24 ✕ | 25 ○ | 26 ✕ | 27 ○ | 28 ✕ | 29 ✕ | 30 ○ | 31 ○ | 32 ✕ | 33 ✕ | 34 ✕ | 35 ✕ | 36 ✕ | 37 ○ | 38 ✕ | 39 ✕ | 40 ○ | 41 发酵、腐败 | 42 ○ | 43 ○ | 44 ○ | 45 ○ | 46 ○ | 47 ○ | 48 ○ | 49 ○ | 50 ✕

微生物相关名词解说

菌丝：霉菌中有棉絮般的细线缠绕，这种细线就是菌丝，如此构成的物体就称为菌丝体。

细胞：构成生命体的最基本单位，由细小的"细"和胞衣的"胞"组合而成。妈妈的肚子里有子宫，装着胎儿的袋子就称为"胞衣"。细胞可解释为微小的生命袋。

遗传：指父母的个性和外貌等传给后代子孙。

古菌：细菌的祖先。"古"字代表很古老的细菌。

单细胞：由"单"字可以知道该细胞由单独一个所构成。

染色体：由遗传物质DNA和蛋白质所构成。因为很容易受化学药品染色，所以如此命名。细胞分裂时，核膜消失的同时会出现如丝块状的染色单体，两条染色单体组成一条染色体。人类的染色体共有46个，即23对。

DNA：原名为脱氧核糖核酸，英文缩写为DNA。具有生命体核心资料的遗传基因本体。该DNA复制的现象就是"遗传"，形状如铁路打结的样子，专业说法则为"双重螺旋结构"。

细胞核： 控制细胞的生命活动，是细胞最重要的部分。

原核细胞和真核细胞： 依照细胞核的状态来分类。尚未进化出核膜导致细胞核以原始状态散布的细胞称为"原核细胞"。已进化出核膜来隔开细胞核和细胞质的细胞就称为"真核细胞"。

浮游生物： 希腊文planktos的原意是"流浪者"，指漂浮在水中的生物。小至数微米，大到超过1米的水母等，大小不一。

霍乱： 主因是霍乱弧菌。会突然拉肚子和呕吐，手脚酸痛，严重时体内的水分随着不停腹泻大量排出而脱水致死。

天花： 罹患天花，会发高烧，全身长出红斑点后，变成脓包。严重时会因细菌感染而使皮肉溃烂，甚至

致命。原因在于天花病毒。

炭疽病：罪魁祸首为炭疽杆菌。炭疽杆菌不但会感染人，还会感染动物。牛、羊、猪等家畜吃到含有炭疽杆菌的饲料，会得炭疽病。我们吃到得炭疽病的动物肉，或受感染的动物散发出的炭疽杆菌飘在空气中，经由呼吸系统进入体内，就会罹患炭疽病。

结核：结核菌侵入体内，人便会罹患结核病。结核病在人类历史上夺走了最多人的性命。埃及木乃伊中也可找到结核病的痕迹。1882年，罗伯·柯霍发现结核菌之后，开启了治疗之路。

伤寒：伤寒杆菌引起的疾病。一旦受感染，这种细菌会隐居在体内等细菌数量增加后再攻击我们的身体。患者会发高烧、腹痛和头痛，小孩则会拉肚子。可用抗生素治疗，但先打预防针才是聪明的做法。

败血症：链球菌、大肠菌、绿脓杆菌、肺炎菌等细菌侵入血液之后释出毒性，随着血液流遍全身。罹患败血症时会发高烧、脉搏低弱、喘气，严重时会昏迷，甚至死亡。使用针对病原菌的抗生素即可成功治疗。盘尼西林出现之前，战争中负伤的军人很多因败血症而死亡。

酵母菌：做面包时使用的发酵菌。加过糖的湿面团里加入酵母菌后，会产生酒精发酵，促使面团膨胀起来，也可让面包的风味更丰富。